光栅尺支架夹具设计
及数控加工

张方阳　侯柏林　陈　兵　著

科学出版社

北京

内 容 简 介

本书以广东省职业技能大赛数控铣加工技术赛项中的竞赛生产件——光栅尺支架实际产品的加工为例，先后分 4 种加工方案，对光栅尺支架的夹具设计、数控铣削加工（工艺分析、程序编写、加工实施）进行了讲述。经过实际加工检验，4 种方案都是成功的，设计出的产品夹具结构简单，制造容易，可以灵活扩展。

本书适用于高等院校机械制造与自动化专业的学生，以及对该领域感兴趣的技术人员。

图书在版编目（CIP）数据

光栅尺支架夹具设计及数控加工/张方阳，侯柏林，陈兵著.—北京：科学出版社，2019.11
ISBN 978-7-03-062820-6

Ⅰ. ①光… Ⅱ. ①张… ②侯… ③陈… Ⅲ. ①光栅尺-支架-夹具-设计 ②光栅尺-支架-夹具-数控机床-加工 Ⅳ. ①TG70

中国版本图书馆 CIP 数据核字（2019）第 239965 号

责任编辑：张振华 / 责任校对：赵丽杰
责任印制：吕春珉 / 封面设计：东方人华平面设计部

科 学 出 版 社 出版
北京东黄城根北街 16 号
邮政编码：100717
http://www.sciencep.com

三河市骏杰印刷有限公司印刷
科学出版社发行　　各地新华书店经销
*

2019 年 11 月第 一 版　　开本：B5（720×1000）
2019 年 11 月第一次印刷　　印张：6 1/4
字数：100 000
定价：69.00 元
（如有印装质量问题，我社负责调换〈骏杰〉）
销售部电话 010-62136230　编辑部电话 010-62135120-2005（VT03）

前　言

　　本书对 *XY* 交叉台 *X* 轴光栅尺支架（丝杆长孔）产品的夹具设计及数控铣削加工进行了讲述。

　　本书介绍了 4 种加工方案。结合数控铣床加工工艺优化，利用设计的专用夹具，采用多个工序完成光栅尺支架所有部位的加工，实现一次装夹完成多个产品的局部特征加工。经过实际加工检验，4 种方案都是成功的，设计出的产品夹具结构简单，制造容易，可以灵活扩展。

　　由于作者水平有限，书中难免存在不妥之处，恳请广大读者批评指正。

目　　录

第一章
光栅尺支架及加工方案简介

一、光栅尺支架

一批光栅尺支架产品图样如图 1.1 所示，数量为 500 件，材料为 45 钢。产品多个方向需要加工，通常情况下，使用普通铣床或数控铣床进行加工。在加工时如果采用单件加工的普通工艺，则加工效率低，并且由于多次装夹，容易造成定位不准确，加工精度难以保证。

二、广东省职业技能大赛数控铣加工技术赛项的生产件

2016 年，广东省中等职业学校技能大赛数控铣加工技术（学生组）赛项以用光栅尺支架产品作为竞赛生产件。参赛选手需利用赛场提供的数控铣床、CAD/CAM 软件等，按图样要求在 60min 内加工完成光栅尺支架产品 4 件。每件产品精度完全符合图样要求视为合格产品，予以计分，否则视为不合格产品，计 0 分。

1. *XY* 交叉台 *X* 轴光栅尺支架（丝杆长孔）产品零件情况说明

（1）切削加工参数

1）单件零件加工时间：约 12min。

2）1h 加工件数：约 4 件。

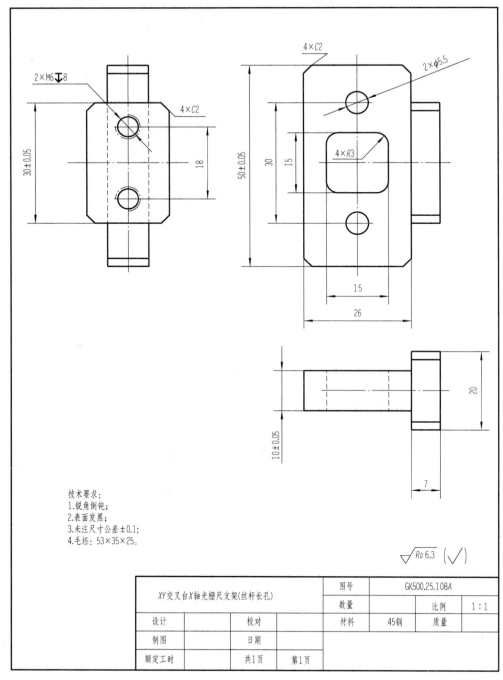

图 1.1　产品图样

（2）产品零件的加工要求

保证零件 50±0.05、30±0.05 和 10±0.05 的精度要求。以上尺寸如有超差，则为废品。

2. 产品加工工艺分析

1）该产品为典型的基座零件，具有规则的外形和特征，可以直接使用铣削的方法生产。

2）单独一件产品加工需要三次装夹，先加工底面，再加工顶面，最后加工侧面。如果每次只加工一件产品，不采用辅助的夹具，则达到要求质量的难度比较大。

3）零件上 M6 的螺纹孔在数控铣床上机攻处理，提高垂直度和效率。

4）产品最后进行锐角倒钝、表面发黑处理和去毛刺。

产品实体如图 1.2 所示。

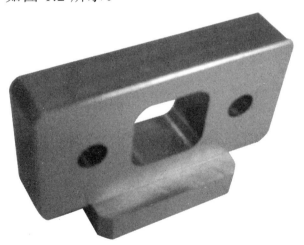

图 1.2 产品实体

图 1.2（续）

三、4 种加工方案

以机床上使用的光栅尺支架为例，通过设计专用产品夹具，灵活运用数控铣加工工艺，采用夹具一次装夹加工多个产品的工艺，使用多个夹具批量生产产品的方法，可以快速、精准地完成中小批量零件的生产。

如果采用多次装夹完成所有的工序，则加工时间太长，加工精度、几何公差得不到保证。为此，本书给出 4 种加工方案。利用设计的专用夹具，采用多个工序完成光栅尺支架所有部位的加工，实现一次装夹完成多个产品的局部特征加工。经过实际加工检验，4 种方案都是成功的，设计出的产品夹具结构简单，制造容易，可以灵活扩展。

方案一：单一夹具三次装夹（夹具一）

采用夹具一（单一夹具）装夹光栅尺支架进行加工。在夹具的特定位置对工件进行装夹。装夹位置位于夹具的左侧、中间和右侧。三次装夹分别完成生产件的三次工序加工。夹具一的装夹生产件装配图如图 1.3 所示，左侧装夹为第一次工序，加工生产件底面和 M6 的螺钉孔；右侧装夹为第二次工序，加工 10mm 的主体特征；中间装夹为第三次工序，加工中间凹槽、C2 的倒角和 $\phi5.5$ 的孔。

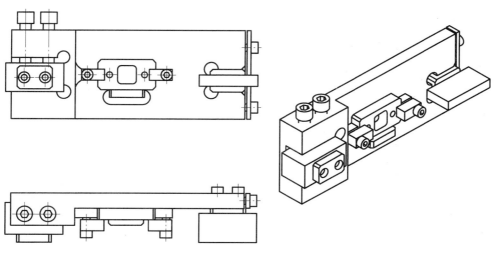

图 1.3　夹具一装配图

夹具一实体如图 1.4 所示。

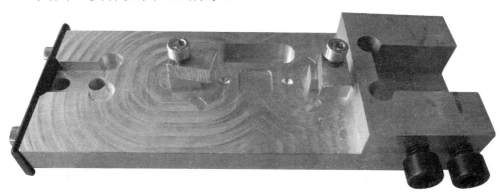

图 1.4　夹具一实体

方案二：三件套夹具一出多（夹具二）

采用夹具二（三件套夹具）装夹光栅尺支架进行加工，加工时使用 3 个夹具按工序依次加工多个光栅尺支架。先使用夹具二（1）

加工光栅尺支架底面，再使用夹具二（2）加工光栅尺支架顶面，最后使用夹具二（3）加工光栅尺支架侧面。加工底面和顶面时，使用夹具可以同时对 4 个生产件进行加工；加工侧面时，使用夹具可以同时对 2 个生产件进行加工。

　　按照工艺流程首先对光栅尺支架底面进行加工，采用轻便、简单的设计理念，将 4 个生产件毛坯间隔固定在一起，夹具二（1）的装夹生产件装配图如图 1.5 所示，夹具二（1）实体如图 1.6 所示。

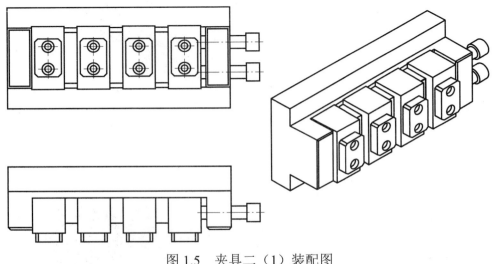

图 1.5　夹具二（1）装配图

图 1.6　夹具二（1）实体

　　按照工艺流程接下来对产品顶面进行加工，采用快速定位、通用的设计理念，将 4 个生产件半成品固定在 4 个侧边，夹具二（2）的装夹生产件装配图如图 1.7 所示，夹具二（2）实体如图 1.8 所示。

面和 M6 的螺钉孔；右侧装夹为第二次工序，加工 10mm 的主体特征；中间装夹为第三次工序，加工中间凹槽、C2 的倒角和 $\phi5.5$ 的孔。

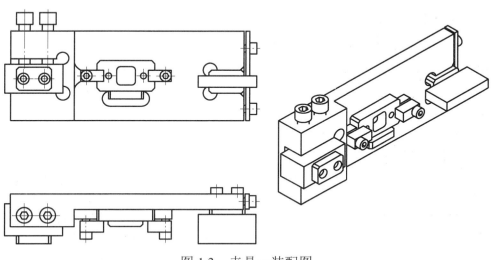

图 1.3 夹具一装配图

夹具一实体如图 1.4 所示。

图 1.4 夹具一实体

方案二：三件套夹具一出多（夹具二）

采用夹具二（三件套夹具）装夹光栅尺支架进行加工，加工时使用 3 个夹具按工序依次加工多个光栅尺支架。先使用夹具二（1）

加工光栅尺支架底面，再使用夹具二（2）加工光栅尺支架顶面，最后使用夹具二（3）加工光栅尺支架侧面。加工底面和顶面时，使用夹具可以同时对 4 个生产件进行加工；加工侧面时，使用夹具可以同时对 2 个生产件进行加工。

按照工艺流程首先对光栅尺支架底面进行加工，采用轻便、简单的设计理念，将 4 个生产件毛坯间隔固定在一起，夹具二（1）的装夹生产件装配图如图 1.5 所示，夹具二（1）实体如图 1.6 所示。

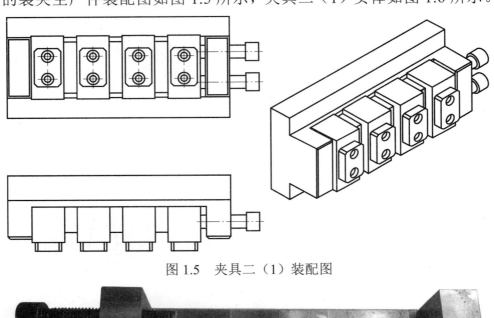

图 1.5　夹具二（1）装配图

图 1.6　夹具二（1）实体

按照工艺流程接下来对产品顶面进行加工，采用快速定位、通用的设计理念，将 4 个生产件半成品固定在 4 个侧边，夹具二（2）的装夹生产件装配图如图 1.7 所示，夹具二（2）实体如图 1.8 所示。

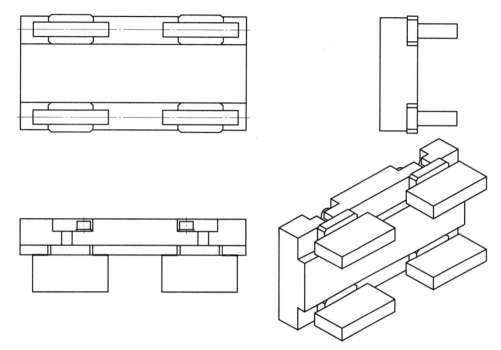

图 1.7 夹具二（2）装配图

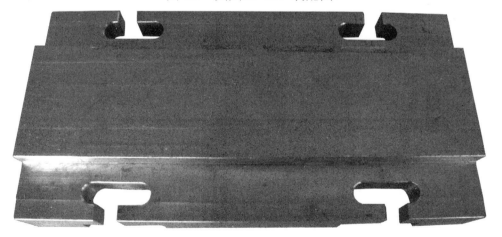

图 1.8 夹具二（2）实体

　　按照工艺流程最后对产品侧面进行加工，采用快速定位的设计理念，将 2 个生产件半成品间隔固定在一起，夹具二（3）的装夹生产件装配图如图 1.9 所示，夹具二（3）实体如图 1.10 所示。

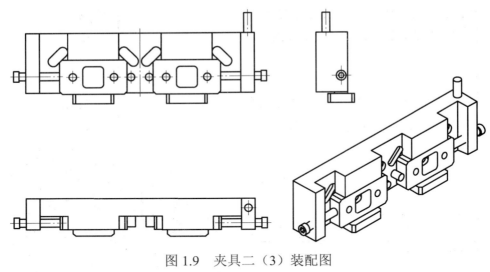

图 1.9　夹具二（3）装配图

图 1.10　夹具二（3）实体

方案三：单一夹具一出四（夹具三）

采用夹具三（单一夹具）装夹光栅尺支架进行加工。在夹具的特定位置对生产件进行装夹。夹具三为中心对称形状，装夹位置位于夹具的上、下、左、右 4 个角位。光栅尺支架的加工分为三次工序，每次工序的装夹位置均在 4 个角位上，三次装夹分别完成生产件的三次工序加工。

夹具三如图 1.11 所示，夹具三实体如图 1.12 所示。

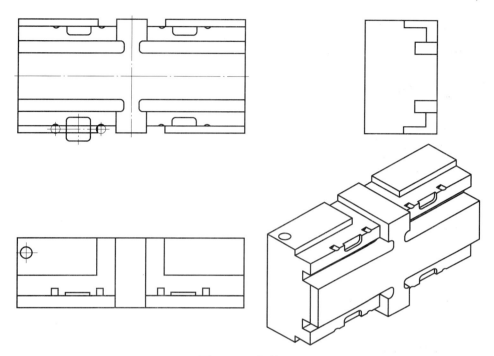

图 1.11　夹具三

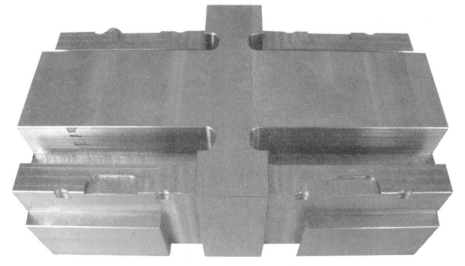

图 1.12　夹具三实体

工序一使用夹具三对生产件顶面进行加工，加工顶面特征和 10mm 的主体特征。工序一的装夹生产件装配图如图 1.13 所示，工序一的装夹生产件的实体如图 1.14 所示。

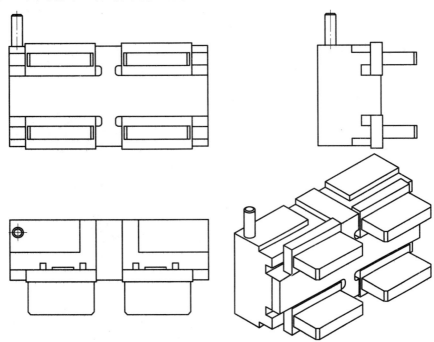

图 1.13   夹具三工序一的装配图

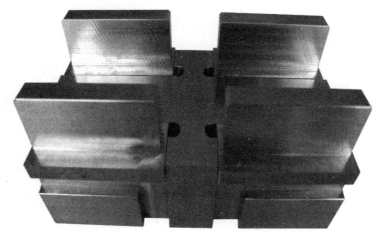

图 1.14   夹具三工序一实体

工序二使用夹具三对生产件底面进行加工，加工底面特征和
M6 的螺钉孔。工序二的装夹生产件装配图如图 1.15 所示，工序
二的装夹生产件的实体如图 1.16 所示。

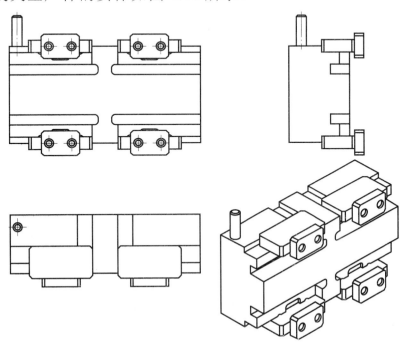

图 1.15　夹具三工序二的装配图

图 1.16　夹具三工序二实体

工序三使用夹具三对生产件侧面进行加工，加工中间凹槽、C2 的倒角和 $\phi 5.5$ 的孔。工序三的装夹生产件装配图如图 1.17 所示，工序三的装夹生产件的实体如图 1.18 所示。

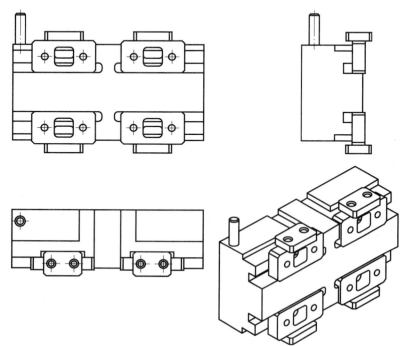

图 1.17　夹具三工序三的装配图

图 1.18　夹具三工序三实体

方案四：单一夹具一出四（夹具四）

采用夹具四（单一夹具）装夹光栅尺支架进行加工。在夹具的特定位置对生产件进行装夹。夹具四为中心对称形状，装夹位置位于夹具的上、下、左、右 4 个角位。光栅尺支架的加工分为三次工序，每次工序的装夹位置均在 4 个角位上，三次装夹分别完成生产件的三次工序加工。

夹具四如图 1.19 所示，夹具四带压紧楔块的实体如图 1.20 所示。

工序一使用夹具四对生产件顶面进行加工，加工顶面特征和 10mm 的主体特征。工序一的装夹生产件装配图如图 1.21 所示，工序一的装夹生产件的实体如图 1.22 所示。

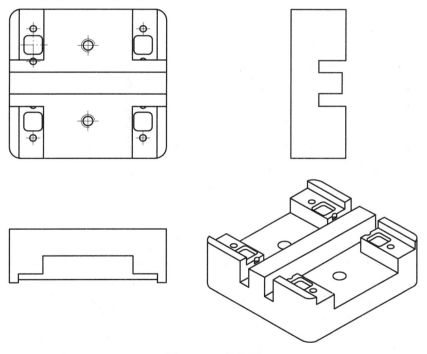

图 1.19　夹具四

图 1.20　夹具四带压紧楔块的实体

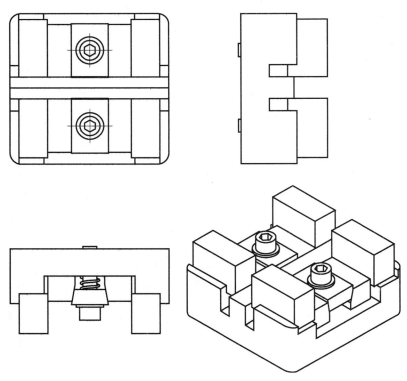

图 1.21　夹具四工序一的装配图

图 1.22 夹具四工序一实体

工序二使用夹具四对生产件底面进行加工，加工底面特征和 M6
的螺钉孔。工序二的装夹生产件装配图如图 1.23 所示，工序二的
装夹生产件的实体如图 1.24 所示。

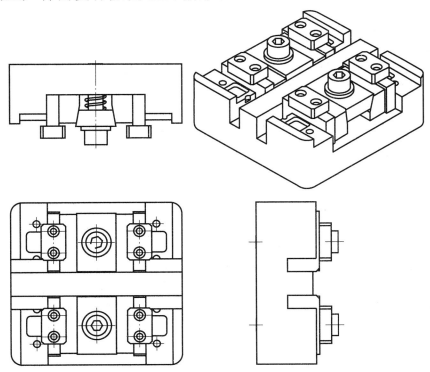

图 1.23 夹具四工序二的装配图

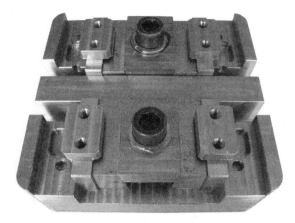

图 1.24　夹具四工序二实体

工序三使用夹具四对生产件侧面进行加工，加工中间凹槽、$C2$ 的倒角和 $\phi5.5$ 的孔。工序三的装夹生产件装配图如图 1.25 所示，工序三的装夹生产件的实体如图 1.26 所示。

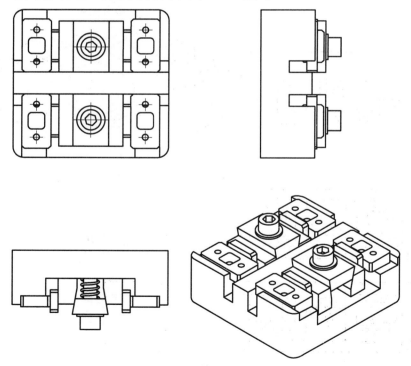

图 1.25　夹具四工序三的装配图

图 1.26　夹具四工序三实体

四、小结

4 种加工方案所使用的 4 种夹具各有特色，是经过长期的加工实践摸索，不断改进而得来的。最终确定的加工方案，满足以下要求：夹具结构简单、实用，同时应有足够大的接触面积，以承受较大的切削力；夹具能够保证工件定位准确，装夹稳定可靠。

加工方案一，在夹具一上不同的 3 个装夹位置分别完成生产件的三次工序加工。装夹位置分别位于夹具的左侧、中间和右侧。通过一次对刀，就可以在夹具一上分别完成三次工序的加工，缩减了辅助对刀时间，提高了加工效率。但其缺点是每次只能加工 1 个生产件，生产效率相对低下。

经过一段时间的摸索，改进为加工方案二。加工方案二采用三件套夹具对光栅尺支架进行装夹加工，加工时分别使用 3 个夹具按工序依次加工多个光栅尺支架。采用方案二后很好地克服了方案一中每次只能加工 1 个生产件这个缺点，每次工序均可以一次性加工多个生产件。但方案二的缺点主要是需要使用三件套的夹具，即要完整地加工一个生产件需要使用 3 个夹具。当要求生产件加工在规定时间内完成时，由于多次更换夹具、多次对刀设定工件坐标系，时间显得紧迫，加工时操作人员会手忙脚乱，容易出现废品。

又经过一段时间的实践，改进为加工方案三。夹具三为中心对称形状，在其对应的装夹位置分别完成三次工序加工。装夹位置位于夹具的上、下、左、右 4 个角位。方案三跟方案一和方案二相比较，设计方案简洁，夹具主体结构简单，易于装夹，便于加工；在夹具三上通过不同的装夹方式就可以分别完成工序一、工序二和工序三的加工；3 个工序均为一次性加工 4 件产品，生产效率高。由于装夹时需要夹具连带生产件一起夹紧，这就要求操作人员的操作手法要非常熟练，而且需要一定的装夹技巧。否则会导致装夹不稳定，从而影响加工质量。

经过反复实践，最终改进为加工方案四。方案四跟方案三相类似，也为一出四的结构设计。同夹具三相比，夹具四结构上略复杂，增加了弹簧、压板和楔形挡块；但同时增加了夹紧力，可以减少加工中的震动，避免工件由于震动而脱落的现象。在夹具四上通过不同的装夹方式就可以分别完成工序一、工序二和工序三的加工。3 个工序均为一次性加工 4 件产品，生产效率高。

第二章

方案一：单一夹具三次装夹

一、光栅尺支架的夹具设计（夹具一）

夹具一主体尺寸为 200×78×28，材料为铝合金。在夹具一上不同的 3 个装夹位置分别完成生产件的 3 次工序加工。装夹位置分别位于夹具的左侧、中间和右侧。左侧装夹为第一次工序，将毛坯通过侧面的 2 个 M10 的螺栓进行紧固，第一次工序主要加工生产件底面、30×20 的矩形和 4 个 C2 的倒角，以及 2 个 M6 的螺钉孔；右侧装夹为第二次工序，底面通过 2 个 M6 的螺栓进行固定，侧面通过 4mm 厚的压板进行定位，第二次工序主要加工 10mm 宽的主体特征；中间装夹为第三次工序，通过中间的键槽进行定位，使用 2 个压板压紧工件，第三次工序主要加工中间 15×15 凹槽、4 个 C2 的倒角和 2 个 ϕ5.5 的孔。夹具一实体如图 2.1 所示。

图 2.1　夹具一实体

设计上需要注意的是，3 次装夹应参照 Y 轴同一基准线，这样加工时 3 次加工工序可以使用同一 Y 坐标。根据以上设计，第一次工序加工后，第二次和第三次工序加工时 Y 轴不用对刀即可加工。3 次工序 Y 轴方向采用同一基准，如图 2.2 所示。

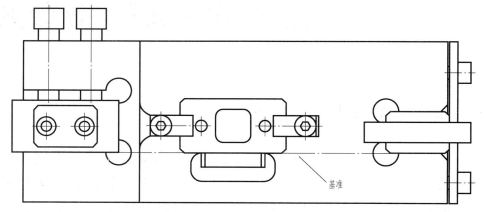

基准

图 2.2　3 次工序 Y 轴方向采用同一基准

夹具一的主体如图 2.3 所示，夹具一的配件如图 2.4 所示，夹具一的装配图如图 2.5 所示。

二、光栅尺支架的数控铣削加工

1. 第一次工序

（1）工艺分析

左侧装夹为第一次工序，将毛坯通过侧面的 2 个 M10 的螺栓进行紧固，第一次工序主要加工生产件底面、30×20 的矩形和 4 个 $C2$ 的倒角，以及 2 个 M6 的螺钉孔。

（2）程序编写

OJ111，铣削平面，加工生产件底面。

OJ112，铣削外形，加工 30×20 的矩形和 4 个 $C2$ 的倒角。

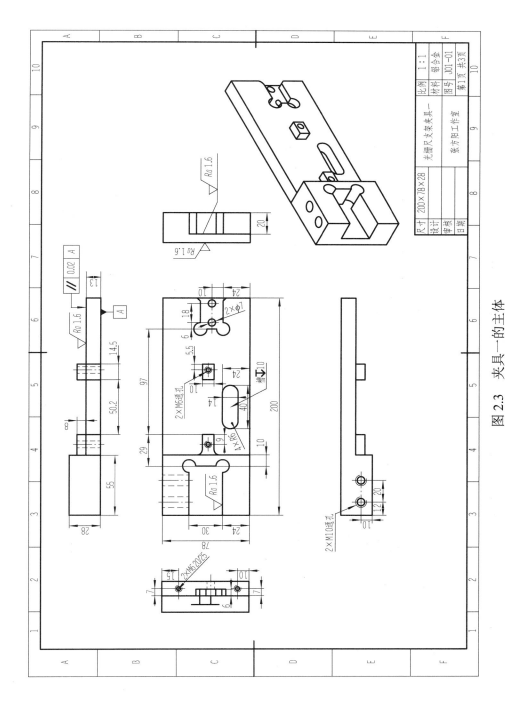

图 2.3 夹具一的主体

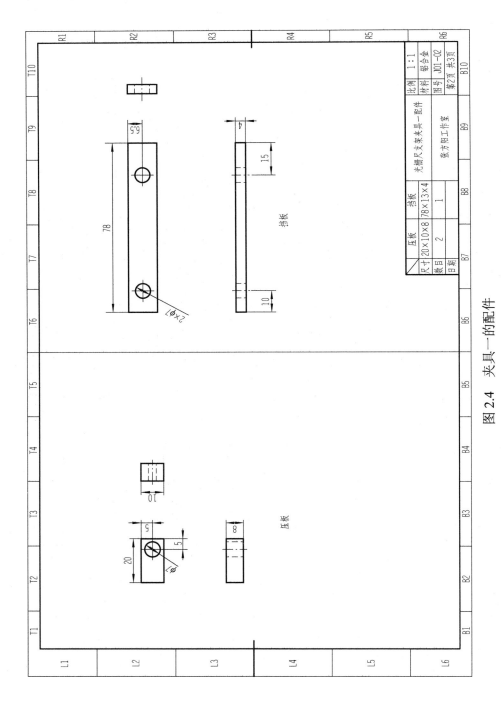

图 2.4 夹具一的配件

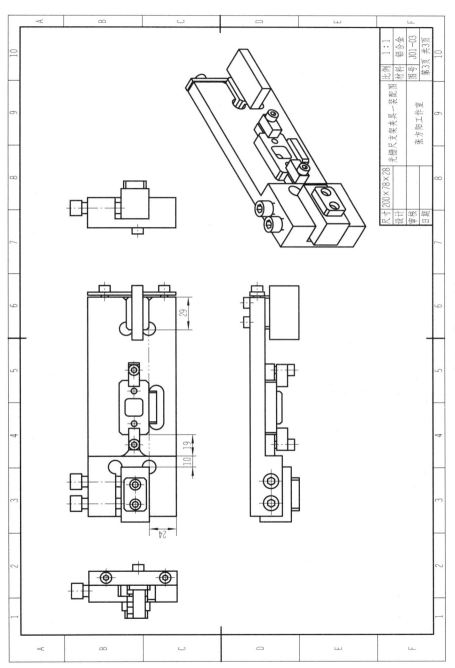

图 2.5　夹具一的装配图

OJ113，钻孔，加工 2 个 φ5.1 的孔。

OJ114，攻螺纹，加工 2 个 M6 的螺纹。

（3）加工实施

将生产件毛坯装夹在夹具一的左侧，使用 2 个 M10 的螺栓进行紧固，如图 2.6 所示。工序一加工后的半成品如图 2.7 所示。

图 2.6　工序一装夹图

图 2.7　工序一加工后的半成品

使用平行垫铁将夹具一装夹在平口钳上，装夹前应使用百分表校正固定钳口。加工中注意各个面的加工次序，按粗、精铣削分开加工，以保证尺寸精度和位置精度。工序一的铣削加工工艺如表 2.1 所示。

表 2.1　工序一的铣削加工工艺

工序	工步	工序内容	刀具	程序
一	01	检测毛坯，清理生产件毛坯毛刺及表面。 找正平口钳，装夹夹具一，在夹具一左侧夹紧毛坯		
	02	铣削平面，加工生产件底面	φ16 立铣刀	OJ111
	03	铣削外形，加工 30×20 的矩形和 4 个 C2 的倒角	φ16 立铣刀	OJ112
	04	钻孔，加工 2 个 φ5.1 的孔	φ5.1 钻头	OJ113
	05	攻螺纹，加工 2 个 M6 的螺纹	M6 丝锥	OJ114
	06	锐角倒钝，去除毛刺		

2. 第二次工序

（1）工艺分析

右侧装夹为第二次工序。底面通过 2 个 M6 的螺栓进行固定，侧面通过 4mm 厚的压板进行定位。主要加工 10mm 宽的主体特征，长 50mm，高 26mm。

（2）程序编写

OJ121，铣削平面，加工生产件顶面。

OJ122，铣削外形，加工 50×26×10 的主体特征。

（3）加工实施

将工序一加工后的半成品装夹在夹具一右侧，底面使用 2 个 M6 的螺栓进行紧固，侧面使用压板进行定位，如图 2.8 所示。工序二加工后的半成品如图 2.9 所示。

工序二用于在底面紧固的 2 个 M6 螺栓如图 2.10 所示。

使用平行垫铁将夹具一装夹在平口钳上，装夹前应使用百分表校正固定钳口。加工中注意各个面的加工次序，按粗、精铣削分开加工，以保证尺寸精度和位置精度。工序二的铣削加工工艺如表 2.2 所示。

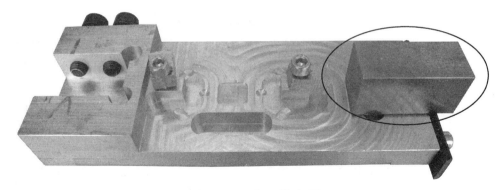

图 2.8 工序二装夹图

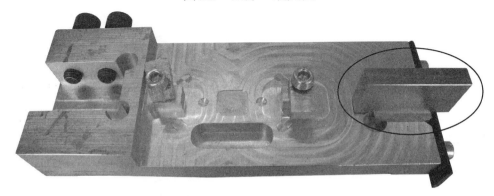

图 2.9 工序二加工后的半成品

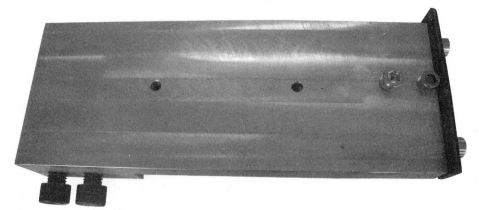

图 2.10 用于在底面紧固的 2 个 M6 螺栓

表 2.2 工序二的铣削加工工艺

工序	工步	工序内容	刀具	程序
二	01	检测工序一加工后的半成品 在夹具一右侧夹紧工序一加工后的半成品		
	02	铣削平面，加工生产件顶面	$\phi16$ 立铣刀	OJ121
	03	铣削外形，加工 $50\times26\times10$ 的主体特征	$\phi16$ 立铣刀	OJ122
	04	锐角倒钝，去除毛刺		

3. 第三次工序

（1）工艺分析

中间装夹为第三次工序。通过中间的键槽进行 Y 方向定位，通过左右 2 个凸台进行 X 方向定位，使用 2 个压板压紧工件。主要加工中间 15×15 的凹槽、4 个 $C2$ 的倒角和 2 个 $\phi5.5$ 的孔。

（2）程序编写

OJ131，铣削凹槽，加工中间 15×15 的凹槽。

OJ132，铣削外形，加工 4 个 $C2$ 的倒角。

OJ133，钻孔，加工 2 个 $\phi5.5$ 的孔。

（3）加工实施

将工序二加工后的半成品装夹在夹具一中间，使用中间键槽进行 Y 方向定位，使用 2 个压板压紧工件，如图 2.11 所示。工序三加工后的生产件如图 2.12 所示。

图 2.11 和图 2.12 为工序三的俯视图，现转换一个视角，工序三的轴测图如图 2.13 所示。

使用平行垫铁将夹具一装夹在平口钳上，装夹前应使用百分表校正固定钳口。加工中注意各个面的加工次序，按粗、精铣削分开加工，以保证尺寸精度和位置精度。工序三的铣削加工工艺如表 2.3 所示。

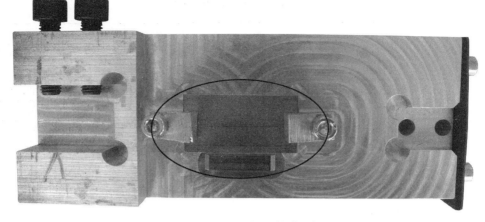

图 2.11   工序三装夹图

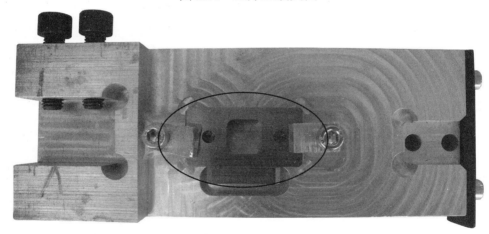

图 2.12   工序三加工后的生产件

图 2.13   工序三轴测图

表 2.3　工序三的铣削加工工艺

工序	工步	工序内容	刀具	程序
三	01	检测工序二加工后的半成品。 在夹具一中间夹紧工序二加工后的半成品		
	02	铣削凹槽，加工中间 15×15 的凹槽	ϕ6 立铣刀	OJ131
	03	铣削外形，加工 4 个 C2 的倒角	ϕ6 立铣刀	OJ132
	04	钻孔，加工 2 个 ϕ5.5 的孔	ϕ5.5 钻头	OJ133
	05	锐角倒钝，去除毛刺		

三、小结

夹具一最早的设计方案跟现在有所不同。在数控加工过程中，加工人员发现，3 次加工工序在坐标系设定、刀具加工坐标统一上存在一些问题。这需要加工人员通过画图来保证 3 次工序的加工位置，从而减少对刀的次数。生产件加工通常要求在较短的时间内完成，而不规则的基准定位会给绘图和加工带来一定的困难。所以经过反复试验，对夹具一进行了改进，即通过改变工序一的装夹方向和工序二的 Y 方向定位位置来实现 3 个工序在 Y 方向上共用一个基准，从而减少人为操作失误，提高加工效率。

改进 1：工序一的 Y 方向换向

工序一原设计方案，装夹位置的 2 个 M10 紧固螺钉位于夹具的前方，如图 2.14 所示。Y 方向换向后的设计方案如图 2.15 所示。

改进 2：工序一、工序二和工序三 Y 方向基准统一

工序二 Y 方向基准与工序一、工序三 Y 方向基准不重合，如图 2.16 所示。

图 2.14 工序一原设计方案

图 2.15 工序一 Y 方向换向后的设计方案

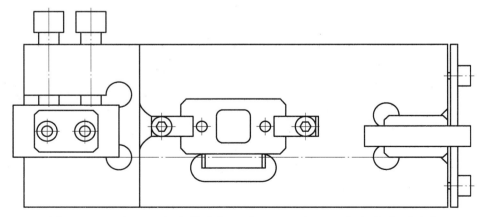

图 2.16 工序二 Y 方向基准与工序一、工序三 Y 方向基准不重合

改进后的设计方案，工序一、工序二和工序三 Y 方向采用同一基准，设计、加工基准重合，如图 2.17 所示。

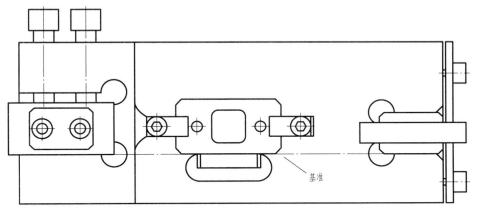

图 2.17 3 次工序 Y 方向采用同一基准

第三章

方案二：三件套夹具一出多

一、光栅尺支架的夹具设计（夹具二）

基于光栅尺支架产品的特征和加工要求，通过改进，在数控铣床上采用三件套夹具进行批量生产加工，即使用 3 个夹具批量生产产品的方法。采用夹具一次装夹加工多个产品的工艺，可以保证加工出的产品尺寸精度高，质量稳定，不仅满足设计要求，还大大提高了生产效率。夹具设计和加工本着工艺合理、简单实用、避免出错的原则。

方案二采用三件套夹具对光栅尺支架进行装夹加工，加工时分别使用 3 个夹具按工序依次加工多个光栅尺支架。

1）使用夹具二（1）加工光栅尺支架底面。夹具二（1）实体如图 3.1 所示。采用轻便简单的设计理念，将 4 个生产件毛坯间隔固定在一起。使用夹具二（1）可以同时对 4 个生产件底面进行加工。

2）使用夹具二（2）加工光栅尺支架顶面和主体。夹具二（2）实体正面如图 3.2 所示，夹具二（2）实体背面如图 3.3 所示。采用快速定位、通用的设计理念，将 4 个生产件半成品固定在 4 个侧边。使用夹具二（2）可以同时对 4 个生产件进行加工。

图 3.1　夹具二（1）实体

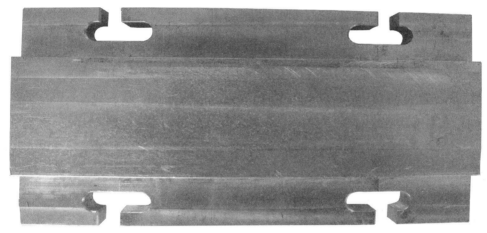

图 3.2　夹具二（2）实体正面

图 3.3　夹具二（2）实体背面

3）使用夹具二（3）加工光栅尺支架侧面。夹具二（3）实体如图 3.4 所示。采用快速定位设计理念，将 2 个生产件半成品间隔固定在一起。使用夹具二（3）可以同时对 2 个生产件进行加工。

图 3.4　夹具二（3）实体

夹具二（1）的主体和配件如图 3.5 所示，夹具二（1）的装配图如图 3.6 所示。

夹具二（2）的主体如图 3.7 所示，夹具二（2）的装配图如图 3.8 所示。

夹具二（3）的主体如图 3.9 所示，夹具二（3）的装配图如图 3.10 所示。

二、光栅尺支架的数控铣削加工

1. 第一次工序

第一次工序使用夹具二（1）进行加工。

（1）工艺分析

使用夹具二（1）进行第一次工序加工，一次加工 4 个生产件。将 4 个毛坯间隔装夹在夹具二（1）上，间隔距离为 10mm，通过侧面的 2 个 M10 的螺栓进行紧固，第一次工序主要加工生产件底面、30×20 的矩形和 4 个 $C2$ 的倒角，以及 2 个 M6 的螺钉孔。

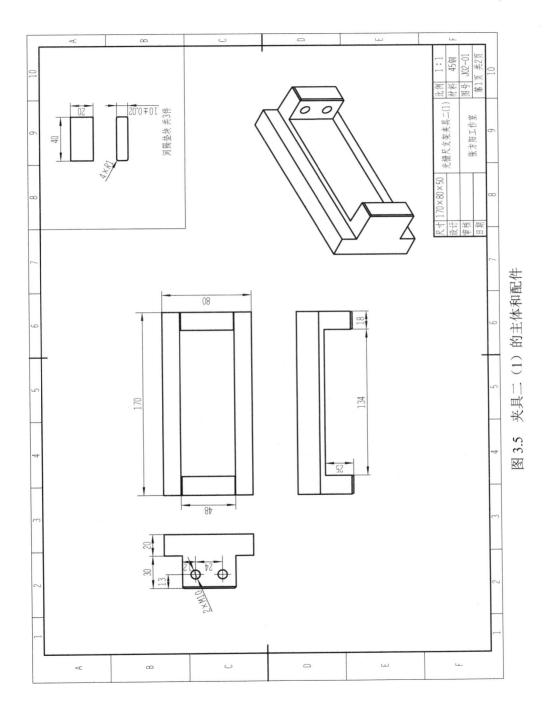

图 3.5　夹具二（1）的主体和配件

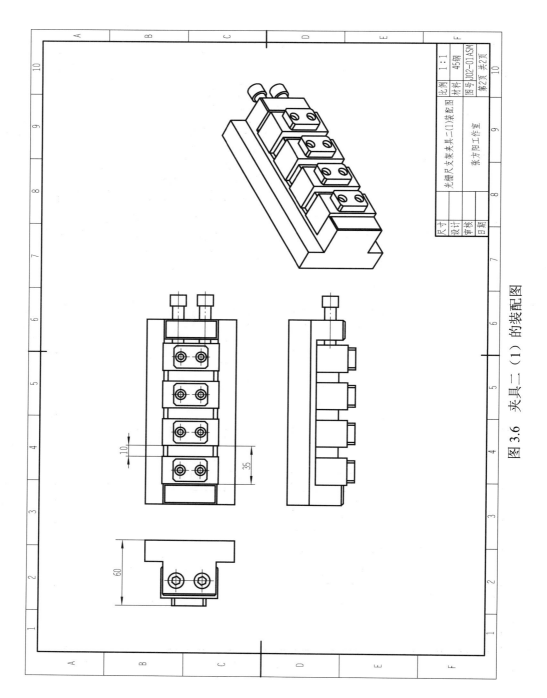

图 3.6 夹具二（1）的装配图

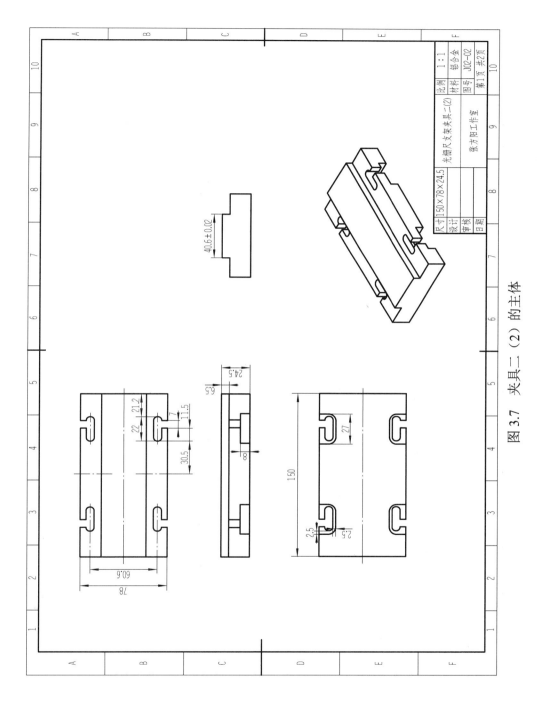

图 3.7　夹具二（2）的主体

光栅尺支架夹具设计及数控加工

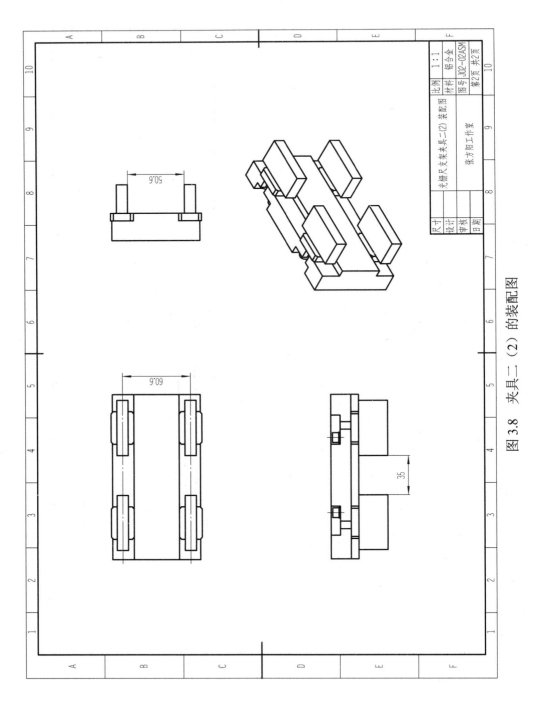

图 3.8 夹具二（2）的装配图

38

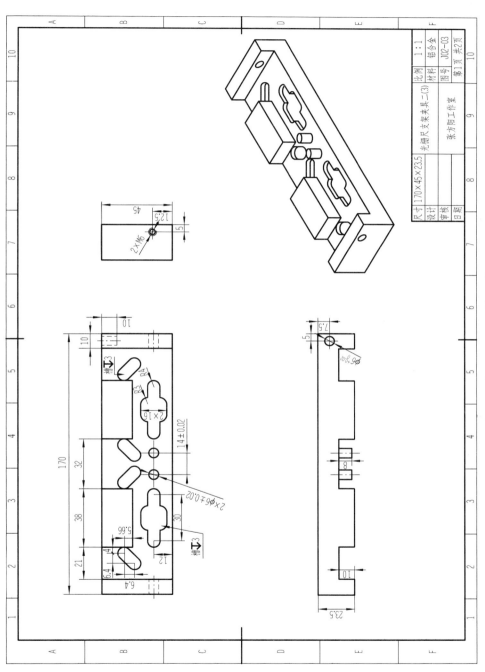

图 3.9 夹具二（3）的主体

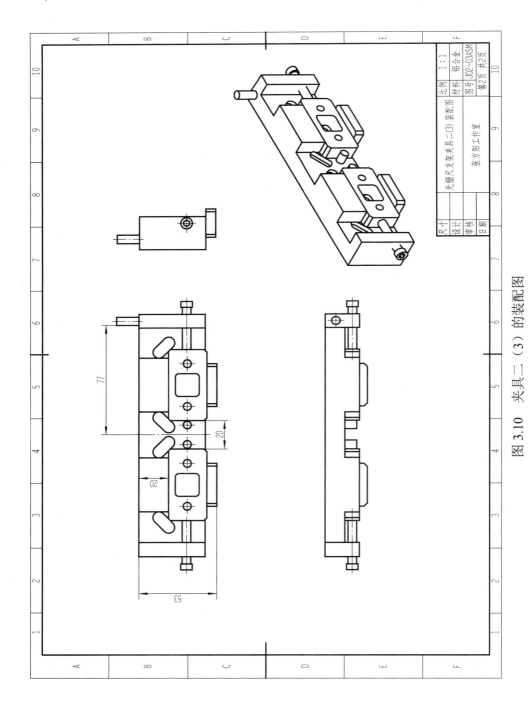

图 3.10 夹具二（3）的装配图

（2）程序编写

OJ211，铣削平面，加工生产件底面。

OJ212，铣削外形，加工 30×20 的矩形和 4 个 C2 的倒角。

OJ213，钻孔，加工 2 个 ϕ5.1 的孔。

OJ214，攻螺纹，加工 2 个 M6 的螺纹。

（3）加工实施

使用夹具二（1）一次装夹 4 个生产件进行加工，使用 2 个 M10 的螺栓进行紧固，如图 3.11 所示。工序一加工后的半成品如图 3.12 所示。

图 3.11　工序一装夹图

图 3.12　工序一加工后的半成品

使用平行垫铁将夹具二（1）装夹在平口钳上，装夹前应使用百分表校正固定钳口。加工中注意各个面的加工次序，按粗、精铣削分开加工，以保证尺寸精度和位置精度。工序一的铣削加工工艺如表 3.1 所示。

表 3.1　工序一的铣削加工工艺

工序	工步	工序内容	刀具	程序
一	01	检测毛坯，清理生产件毛坯毛刺及表面。找正平口钳，装夹夹具二（1），在夹具上间隔夹紧毛坯		
	02	铣削平面，加工生产件底面	ϕ16 立铣刀	OJ211
	03	铣削外形，加工 30×20 的矩形和 4 个 C2 的倒角	ϕ12 立铣刀	OJ212
	04	钻孔，加工 2 个 ϕ5.1 的孔	ϕ5.1 钻头	OJ213
	05	攻螺纹，加工 2 个 M6 的螺纹	M6 丝锥	OJ214
	06	锐角倒钝，去除毛刺		

2. 第二次工序

第二次工序使用夹具二（2）进行加工。

（1）工艺分析

使用夹具二（2）进行第二次工序加工，一次加工 4 个生产件。将 4 个生产件半成品固定在对称的 4 个侧边，底面通过 M6 的螺栓进行紧固，主要加工 10mm 宽的主体特征，长 50mm，高 26mm。

（2）程序编写

OJ221，铣削平面，加工生产件顶面，控制总高。

OJ222，铣削外形，加工 50×26×10 的主体特征。

（3）加工实施

将工序一加工后的半成品装夹在夹具二（2）的 4 个侧边，底面使用 M6 的螺栓进行紧固，如图 3.13 所示。紧固底面的 M6 螺栓如图 3.14 所示。然后使用平口钳夹紧，装夹前应使用百分表校正固定钳口。工序二加工后的半成品如图 3.15 所示。

加工中注意各个面的加工次序，按粗、精铣削分开加工，以保证尺寸精度和位置精度。工序二的铣削加工工艺如表 3.2 所示。

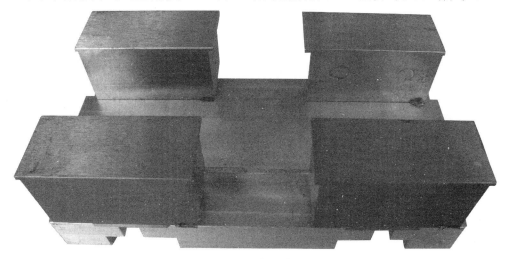

图 3.13 工序二装夹图

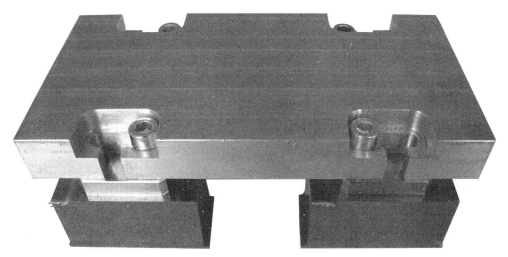

图 3.14 工序二底面装夹图

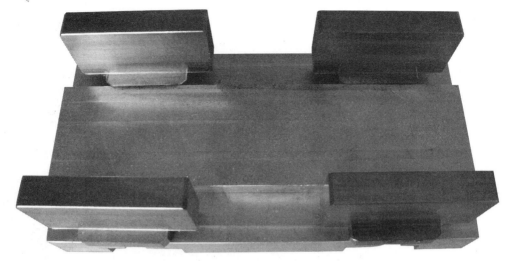

图 3.15　工序二加工后的半成品

表 3.2　工序二的铣削加工工艺

工序	工步	工序内容	刀具	程序
二	01	检测工序一加工后的半成品。 在夹具二（1）的 4 个侧边夹紧工序一加工后的半成品		
	02	铣削平面，加工生产件顶面	ϕ16 立铣刀	OJ221
	03	铣削外形，加工 50×26×10 的主体特征	ϕ16 立铣刀	OJ222
	04	锐角倒钝，去除毛刺		

3. 第三次工序

第三次工序使用夹具二（3）进行加工。

（1）工艺分析

使用夹具二（3）进行第三次工序加工，一次加工 2 个生产件，通过后面的凸台进行 Y 方向定位，通过中间 2 个圆柱和左、右 2 个螺栓进行 X 方向定位；最后使用平口钳夹紧 2 个半成品，主要加工中间 15×15 的凹槽、$C2$ 的倒角和 ϕ5.5 的孔。

（2）程序编写

OJ231，铣削凹槽，加工 2 个 15×15 的凹槽。

OJ232，铣削外形，加工 8 个 C2 的倒角。

OJ233，钻孔，加工 4 个 ϕ 5.5 的孔。

（3）加工实施

将 2 个工序二加工后的半成品装夹在夹具二（3）上，使用后面凸台进行 Y 方向定位，使用圆柱和螺栓进行 X 方向定位，如图 3.16 所示。工序三加工后的生产件如图 3.17 所示。

图 3.16　工序三装夹图

图 3.17　工序三加工后的生产件

使用平行垫铁将夹具二（3）与夹在其上面的 2 个半成品装夹在平口钳上，装夹前应使用百分表校正固定钳口。加工中注意各个面的加工次序，按粗、精铣削分开加工，以保证尺寸精度和位置精度。工序三的铣削加工工艺如表 3.3 所示。

表 3.3　工序三的铣削加工工艺

工序	工步	工序内容	刀具	程序
三	01	检测工序二加工后的半成品。 在夹具二（3）上装夹 2 个工序二加工后的半成品		
	02	铣削凹槽，加工 2 个 15×15 的凹槽	ϕ6 立铣刀	OJ231
	03	铣削外形，加工 8 个 C2 的倒角	ϕ6 立铣刀	OJ232
	04	钻孔，加工 4 个 ϕ5.5 的孔	ϕ5.5 钻头	OJ233
	05	锐角倒钝，去除毛刺		

三、小结

夹具二是通过三件套夹具分别完成工序一、工序二和工序三的。其中，工序一和工序二均为一次性加工 4 个生产件，而工序三则是一次性加工 2 个生产件。为什么不在工序三中将夹具二（3）设计为一出四的加工设计呢？原因是此光栅尺支架产品要求在 1h 之内加工完成 4 件，且必须完成所有的锐角倒钝和毛刺去除。如果最后一次工序也设计成一出四，就会导致最后时刻手工去除毛刺的工作量大，时间将非常紧张，很有可能在规定的时间内完成不了 4 件产品的加工。所以将最后一次工序，也就是工序三改为一出二的设计，这样最后时刻只需手工完成 2 个生产件的毛刺去除，缓解了时间紧迫的状况。

所以经过反复试验，对夹具二（2）和夹具二（3）进行了局部改进，使加工更灵活便捷，从而减少操作失误，提高加工效率。

改进 1：夹具二（2）由一出四改为一出五、一出六

夹具二（2）设计方案为一出四，在夹具底部使用 M6 紧固螺钉将生产件固定，如图 3.18 所示。改进后设计方案一为一出五，增加加工工件为 5 件，如图 3.19 所示。改进后设计方案二为一出六，大大提高了加工效率，如图 3.20 所示。

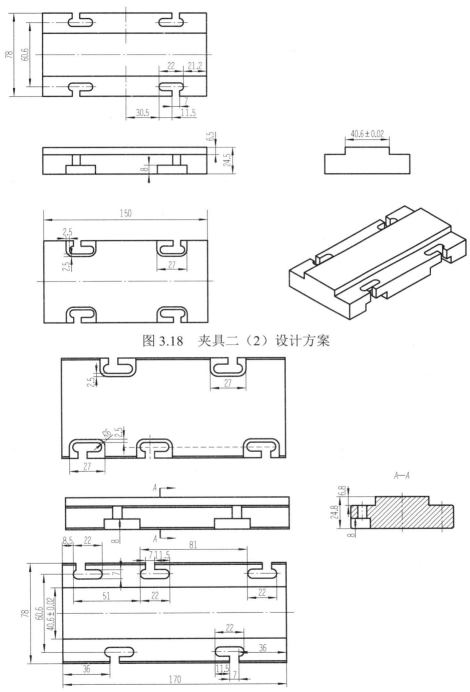

图 3.18　夹具二（2）设计方案

图 3.19　夹具二（2）改进后设计方案一出五

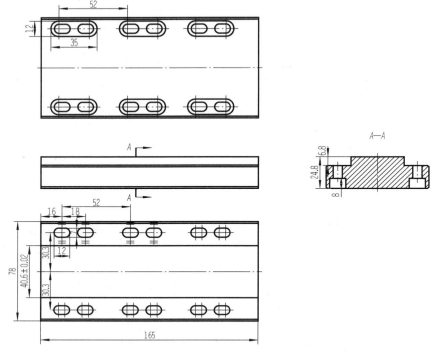

图 3.20　夹具二（2）改进后设计方案一出六

改进 2：夹具二（3）的固定方式由弹簧卡扣改为手动螺栓紧固

　　夹具二（3）原设计方案为弹簧卡扣固定方式，生产件通过弹簧卡扣固定，如图 3.21 所示。改进后的设计方案为手动螺栓紧固，生产件通过手动螺栓固定，如图 3.22 所示。

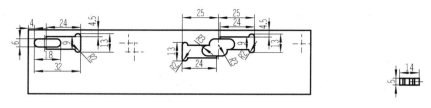

图 3.21　夹具二（3）原设计方案

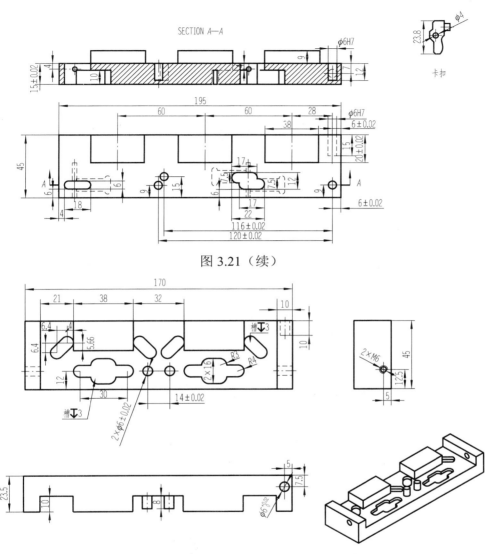

图 3.21（续）

图 3.22　夹具二（3）改进后的设计方案

第四章

方案三：单一夹具一出四

一、光栅尺支架的夹具设计（夹具三）

方案三采用夹具三（单一夹具）装夹光栅尺支架进行加工。夹具三主体尺寸为 150×78×48，材料为 45 钢。在夹具对应的装夹位置分别完成 3 次工序加工。夹具三为中心对称形状，装夹位置位于夹具的上、下、左、右 4 个角位。

第一次工序，对生产件顶面进行加工，主要加工顶面、50×26×10 的主体特征和 C2 的倒角；第二次工序，对生产件底面进行加工，主要加工底面、30×20 的矩形和 C2 的倒角，以及 M6 的螺钉孔；第三次工序，对生产件侧面进行加工，主要加工中间 15×15 的凹槽、C2 的倒角和 $\phi 5.5$ 的孔。夹具三实体如图 4.1 所示。3 次工序的加工图如图 4.2 所示。

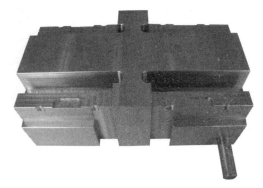

图 4.1　夹具三实体

图 4.1（续）

（a）工序一加工图

（b）工序二加工图

图 4.2　3 次工序的加工图

（c）工序三加工图

图 4.2（续）

夹具三如图 4.3 所示。

夹具三工序一的装配图如图 4.4 所示。

夹具三工序二的装配图如图 4.5 所示。

夹具三工序三的装配图如图 4.6 所示。

二、光栅尺支架的数控铣削加工

1. 第一次工序

（1）工艺分析

使用夹具三进行第一次工序加工，一次加工 4 个生产件。将 4 个毛坯间隔装夹在夹具三 4 个角位上，X 方向间隔距离为 20mm，Y 方向间隔距离为 32mm，使用平口钳夹紧生产件。第一次工序主要加工顶面、10mm 的主体特征和 $C2$ 的倒角（4 个生产件共 8 个倒角）。加工后生产件主体特征 X 方向间隔距离为 23mm，Y 方向间隔距离为 47mm，如图 4.4 所示。

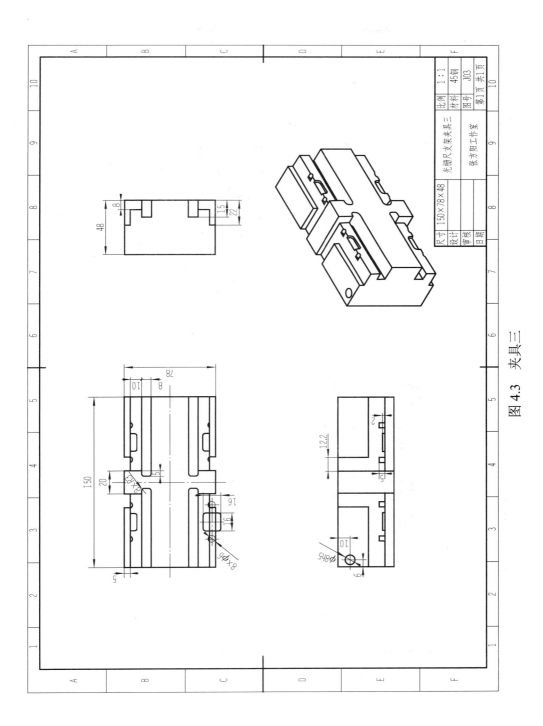

图 4.3　夹具三

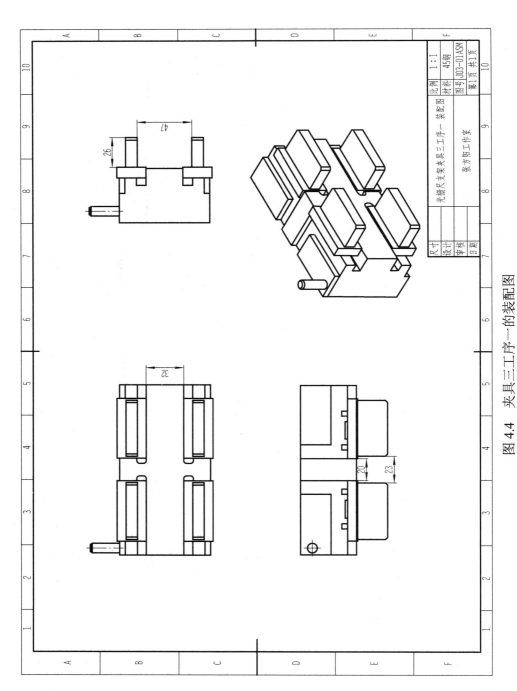

图 4.4 夹具三工序一的装配图

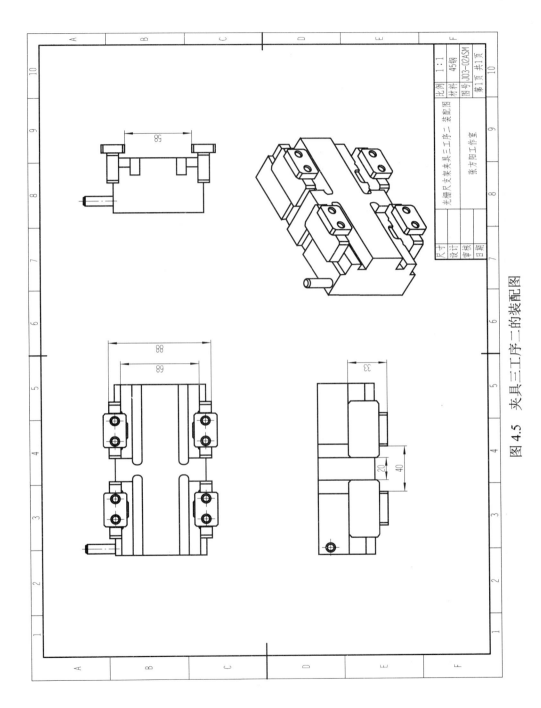

图 4.5 夹具三工序二的装配图

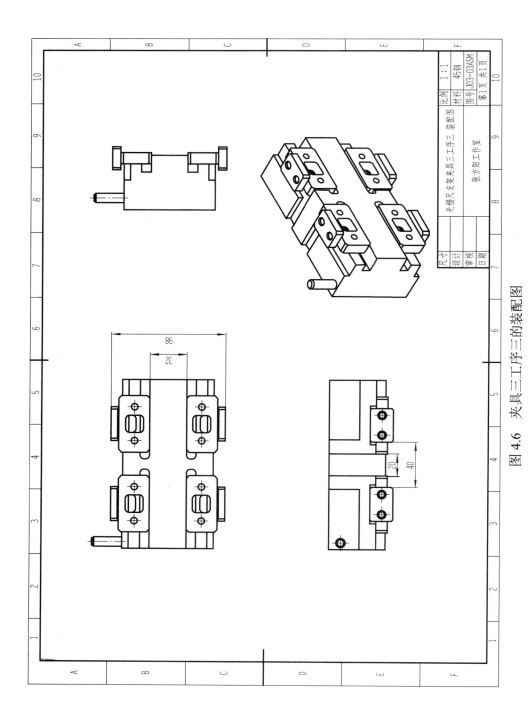

图 4.6 夹具三工序三的装配图

（2）程序编写

OJ311，铣削平面，加工生产件顶面。

OJ312，铣削外形，加工 50×26×10 的主体特征。

OJ313，倒角，加工 $C2$ 的倒角。

（3）加工实施

将 4 个生产件毛坯固定在夹具三的 4 个角位上，使用平行垫铁将其夹紧在平口钳上。装夹前应使用百分表校正固定钳口。工序一的装夹图如图 4.7 所示。工序一加工后的半成品如图 4.8 所示。

（a）未装夹在台虎钳上

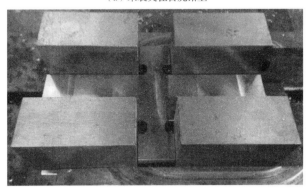

（b）装夹在台虎钳上

图 4.7 工序一装夹图

图 4.8　工序一加工后的半成品

加工中注意各个面的加工次序，按粗、精铣削分开加工，以保证尺寸精度和位置精度。工序一的铣削加工工艺如表 4.1 所示。

表 4.1　工序一的铣削加工工艺

工序	工步	工序内容	刀具	程序
一	01	检测毛坯，清理生产件毛坯毛刺及表面。找正平口钳，将夹具三连同 4 个毛坯夹紧在平口钳上		
	02	铣削平面，加工生产件顶面	ϕ16 立铣刀	OJ311
	03	铣削外形，加工 50×26×10 的主体特征	ϕ16 立铣刀	OJ312
	04	倒角，加工 C2 的倒角	倒角刀	OJ313
	05	锐角倒钝，去除毛刺		

2. 第二次工序

（1）工艺分析

使用夹具三进行第二次工序加工，一次加工 4 个生产件。将 4 个生产件半成品分别固定在对称的 4 个侧边，X 方向间隔距离为 20mm，生产件主体部分 Y 方向间隔距离为 68mm，使用平口钳夹紧生产件。第二次工序主要加工生产件底面、30×20 的矩形和 C2 的倒角，以及 M6 的螺钉孔（4 个生产件共 8 个）。加工后生产件底部特征 X 方向间隔距离为 40mm，Y 方向间隔距离为 58mm，如图 4.5 所示。

（2）程序编写

OJ321，铣削平面，加工生产件底面。

OJ322，铣削外形，加工 30×20 的矩形和 C2 的倒角。

OJ323，钻孔，加工 ϕ5.1 的孔。

OJ324，攻螺纹，加工 M6 的螺纹。

（3）加工实施

先在夹具三的 4 个对称侧边上装夹工序一加工后的半成品，然后使用平口钳夹紧。装夹前应使用百分表校正固定钳口。工序二的装夹图如图 4.9 所示。工序二加工后的半成品如图 4.10 所示。

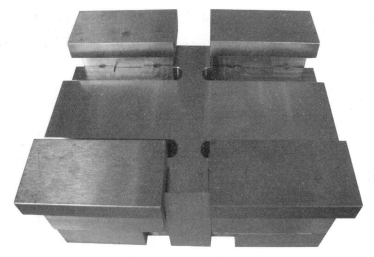

图 4.9　工序二装夹图

图 4.10　工序二加工后的半成品

　　加工中注意各个面的加工次序，按粗、精铣削分开加工，以保证尺寸精度和位置精度。工序二的铣削加工工艺如表 4.2 所示。

表 4.2　工序二的铣削加工工艺

工序	工步	工序内容	刀具	程序
二	01	检测工序一加工后的半成品。 在夹具三的 4 个侧边夹紧工序一加工后的半成品		
	02	铣削平面，加工生产件底面	ϕ16 立铣刀	OJ321
	03	铣削外形，加工 30×20 的矩形和 C2 的倒角	ϕ16 立铣刀	OJ322
	04	钻孔，加工 ϕ5.1 的孔	ϕ5.1 钻头	OJ323
	05	攻螺纹，加工 M6 的螺纹	M6 丝锥	OJ324
	06	锐角倒钝，去除毛刺		

3．第三次工序

（1）工艺分析

使用夹具三进行第三次工序加工，一次加工 4 个生产件。将 4 个生产件半成品分别固定在对称的 4 个侧边，X 方向间隔距离为 20mm，Y 方向间隔距离为 32mm，使用平口钳夹紧生产件，如图 4.6 所示。第三次工序主要加工中间 15×15 的凹槽、C2 的倒角和 ϕ5.5 的孔。

（2）程序编写

OJ331，铣削凹槽，加工 4 个 15×15 的凹槽。

OJ332，铣削外形，加工 8 个 C2 的倒角。

OJ333，钻孔，加工 8 个 ϕ5.5 的孔。

（3）加工实施

先在夹具三的 4 个对称侧边上装夹工序二加工后的半成品，然后使用平口钳夹紧。装夹前应使用百分表校正固定钳口。工序三的装夹图如图 4.11 所示。工序三加工后的成品如图 4.12 所示。

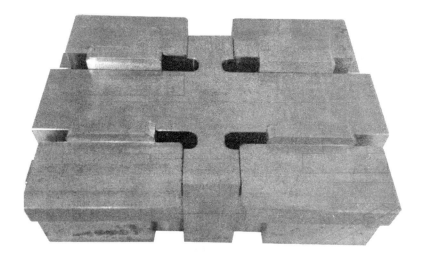

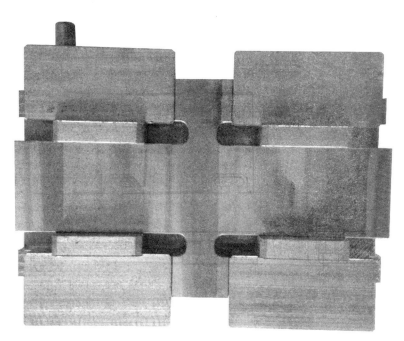

图 4.11　工序三装夹图

图 4.12　工序三加工后的成品

　　加工中注意各个面的加工次序，按粗、精铣削分开加工，以保证尺寸精度和位置精度。工序三的铣削加工工艺如表 4.3 所示。

表 4.3　工序三的铣削加工工艺

工序	工步	工序内容	刀具	程序
三	01	检测工序二加工后的半成品。 在夹具三的 4 个侧边夹紧工序二加工后的半成品		
	02	铣削凹槽，加工 4 个 15×15 的凹槽	ϕ6 立铣刀	OJ331
	03	铣削外形，加工 8 个 C2 的倒角	ϕ6 立铣刀	OJ332
	04	钻孔，加工 8 个 ϕ5.5 的孔	ϕ5.5 钻头	OJ333
	05	锐角倒钝，去除毛刺		

三、小结

夹具三跟夹具一和夹具二相比较，设计方案简洁，夹具主体结构简单，易于装夹，便于加工。在夹具三上通过不同的装夹方式就可以分别完成工序一、工序二和工序三的加工。3 个工序均为一次性加工 4 件产品，生产效率高。

生产件毛坯为立方体。为了装夹方便，夹具三在适当的位置需要具有特定工艺槽特征。这样，毛坯或半成品的尖角才能避开死角位，进行装夹定位。槽 1 为 4 个 8mm 的槽，槽 1 的设计是为了工序一毛坯的装夹；槽 2 为 4 个 12.2mm 的槽，槽 2 的设计是为了工序二半成品的装夹。槽 1 和槽 2 如图 4.13 所示。

在工序一中，槽 1 可以使得毛坯便于装夹。毛坯的尖角能够避开死角位，如图 4.14 所示。

在工序二中，槽 2 可以使得第一次工序加工后的半成品便于装夹。半成品的尖角能够避开死角位，如图 4.15 所示。

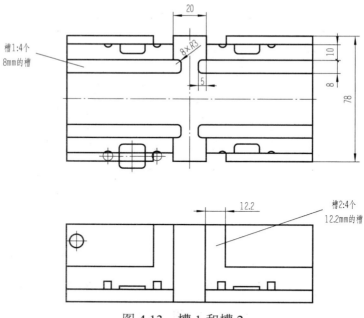

槽1:4个
8mm的槽

槽2:4个
12.2mm的槽

图 4.13　槽 1 和槽 2

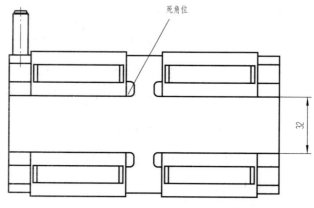

死角位

图 4.14　工序一中槽 1 的作用示意图

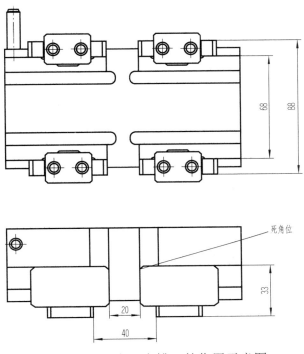

图 4.15 工序二中槽 2 的作用示意图

改进 1：夹具三的定位方式由活动挡块改为固定销

夹具三最早的设计方案跟现在有所不同，主要表现在定位方式的不同。原方案使用活动挡块进行定位，加工时需要操作人员动作非常迅速来保证装夹定位。改进后的方案采用固定销进行定位，非常方便，减少了人为操作时间。原定位方案如图 4.16 所示，改进后的定位方案如图 4.17 所示。

改进 2：夹具三的工艺槽由两条改为一条

经过反复试验，对夹具三的结构进行了局部简化，使得加工人员加工起来更为灵活便捷，减少操作失误，提高加工效率。工艺槽为两条的夹具三如图 4.18 所示，改进后工艺槽为一条的夹具三如图 4.19 所示。一条工艺槽可以同时满足工序一和工序二生产件的装夹和加工。

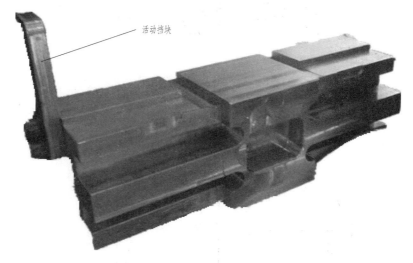

图 4.16　采用活动挡块进行定位

图 4.17　采用固定销进行定位

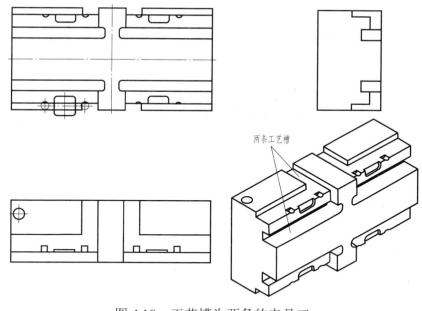

图 4.18 工艺槽为两条的夹具三

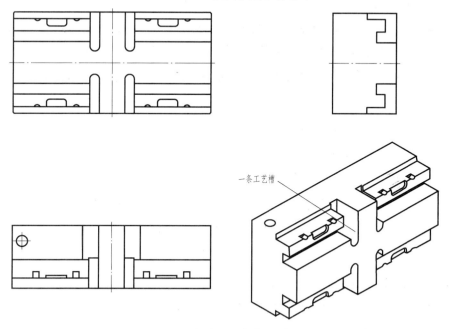

图 4.19 工艺槽为一条的夹具三

第五章

方案四：单一夹具一出四

一、光栅尺支架的夹具设计（夹具四）

方案四采用夹具四（单一夹具）装夹光栅尺支架进行加工。夹具四的主体尺寸为 $140 \times 136 \times 49$，材料为 45 钢。在夹具对应的装夹位置分别完成 3 次工序加工。夹具四为中心对称形状，装夹位置位于夹具的上、下、左、右 4 个角位。

第一次工序，对生产件顶面进行加工，主要加工顶面、$50 \times 26 \times 10$ 的主体特征和 $C2$ 的倒角；第二次工序，对生产件底面进行加工，主要加工底面、30×20 的矩形和 $C2$ 的倒角，以及 M6 的螺钉孔；第三次工序，对生产件侧面进行加工，主要加工中间 15×15 的凹槽、$C2$ 的倒角和 $\phi 5.5$ 的孔。夹具四实体如图 5.1 所示。3 次工序的加工图如图 5.2 所示。

夹具四主体如图 5.3 所示。

夹具四配件有 2 种挡块。一种是大的楔形挡块（4 个），主要应用在工序一的装夹中；另外一种是小的楔形挡块（4 个），主要应用在工序二和工序三的装夹中。配件还有 2 个压板，配合弹簧使用，用来压紧 4 个生产件，如图 5.4 所示。

夹具四装夹毛坯的装配图如图 5.5 所示。

夹具四工序一的装配图如图 5.6 所示。

夹具四工序二的装配图如图 5.7 所示。

夹具四工序三的装配图如图 5.8 所示。

（a）有夹块

（b）无夹块

图 5.1　夹具四实体

（a）工序一加工图

（b）工序二加工图

（c）工序三加工图

图 5.2　3 次工序的加工图

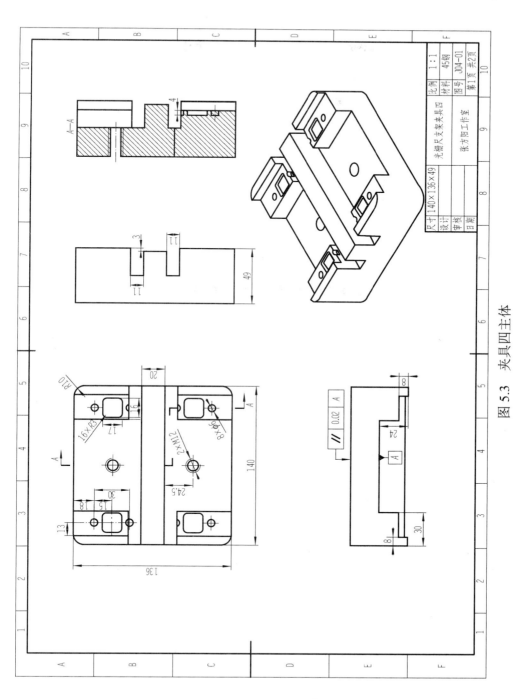

图 5.3 夹具四主体

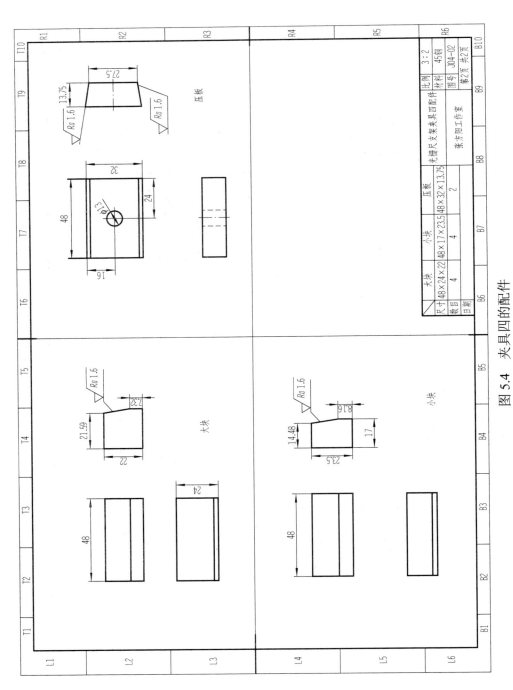

图 5.4 夹具四的配件

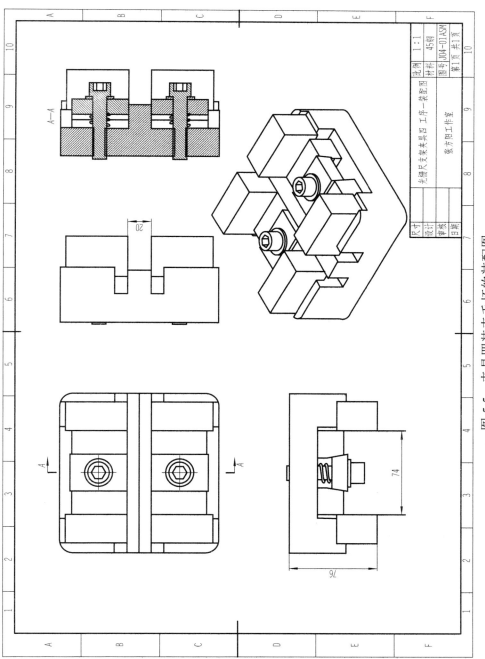

图 5.5 夹具四装夹毛坯的装配图

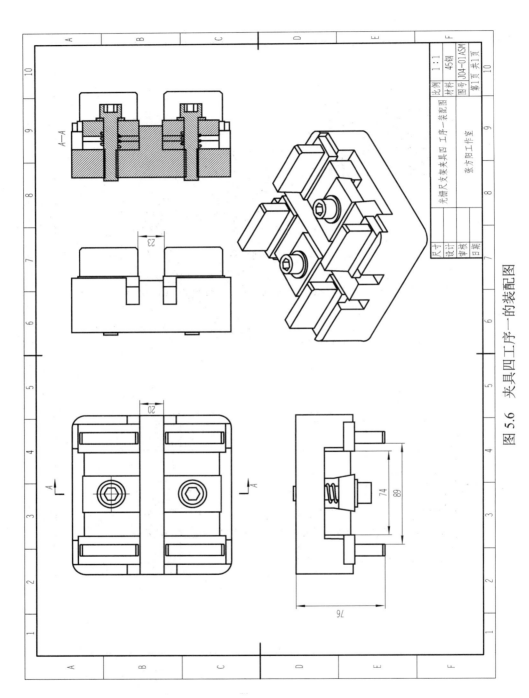

图 5.6 夹具四工序一的装配图

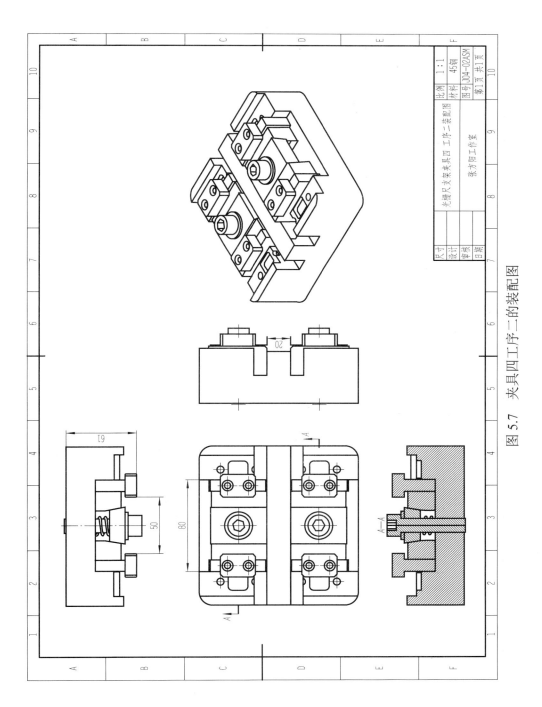

图 5.7　夹具四工序二的装配图

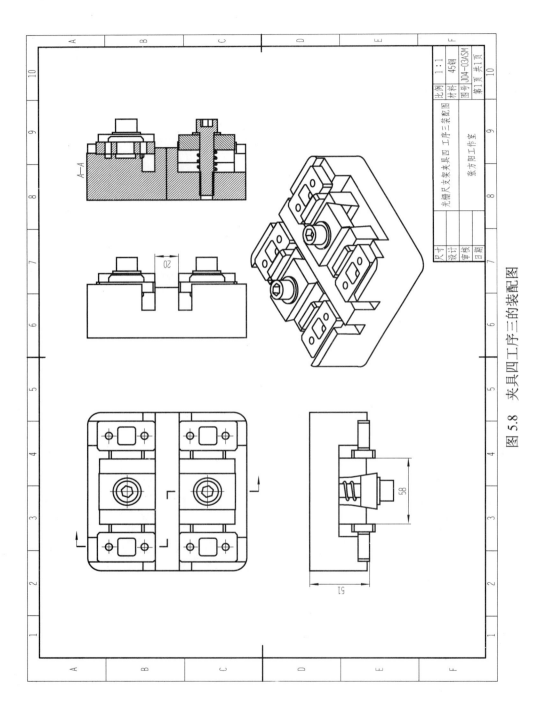

图 5.8　夹具四工序三的装配图

二、光栅尺支架的数控铣削加工

1. 第一次工序

（1）工艺分析

使用夹具四进行第一次工序加工，一次加工 4 个生产件。将 4 个毛坯间隔装夹在夹具四的 4 个角位上，X 方向间隔距离为 74mm，Y 方向间隔距离为 20mm，通过压板将生产件固定在夹具上，然后在平口钳上夹紧。第一次工序主要加工顶面、50×26×10 的主体特征和 $C2$ 的倒角（4 个生产件共 8 个倒角）。加工后生产件主体特征 X 方向间隔距离为 89mm，Y 方向间隔距离为 23mm，如图 5.6 所示。

（2）程序编写

OJ411，铣削平面，加工生产件顶面。

OJ412，铣削外形，加工 50×26×10 的主体特征。

OJ413，倒角，加工 $C2$ 的倒角。

（3）加工实施

将 4 个生产件毛坯固定在夹具四的 4 个角位上，使用平行垫铁将夹具装夹在平口钳上。装夹前应使用百分表校正固定钳口。工序一的装夹图如图 5.9 所示。工序一加工后的半成品如图 5.10 所示。

加工中注意各个面的加工次序，按粗、精铣削分开加工，以保证尺寸精度和位置精度。工序一的铣削加工工艺如表 5.1 所示。

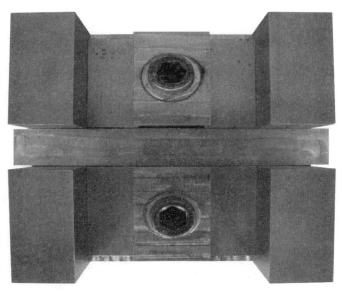

图 5.9 工序一装夹图

图 5.10　工序一加工后的半成品

表 5.1　工序一的铣削加工工艺

工序	工步	工序内容	刀具	程序
一	01	检测毛坯，清理生产件毛坯毛刺及表面。 找正平口钳，将夹具四连同 4 个毛坯夹紧在平口钳上		
	02	铣削平面，加工生产件顶面	ϕ16 立铣刀	OJ411
	03	铣削外形，加工 50×26×10 的主体特征	ϕ16 立铣刀	OJ412
	04	倒角，加工 C2 的倒角	倒角刀	OJ413
	05	锐角倒钝，去除毛刺		

2. 第二次工序

（1）工艺分析

使用夹具四进行第二次工序加工，一次加工 4 个生产件。将 4 个生产件半成品分别固定在对称的 4 个侧边，生产件主体部分 X 方向外侧间隔距离为 80mm，Y 方向间隔距离为 20mm，通过压板将生产件半成品固定在夹具上，然后在平口钳上夹紧。第二次工序主要加工生产件底面、30×20 的矩形和 C2 的倒角，以及 M6 的螺钉孔（4 个生产件共 8 个）。加工后生产件底部特征 X 方向间隔距离为 50mm，Z 方向装配总高为 61mm，如图 5.7 所示。

（2）程序编写

OJ421，铣削平面，加工生产件底面。

OJ422，铣削外形，加工 30×20 的矩形和 C2 的倒角。

OJ423，钻孔，加工 ϕ5.1 的孔。

OJ424，攻螺纹，加工 M6 的螺纹。

（3）加工实施

先在夹具四的 4 个对称侧边上装夹工序一加工后的半成品，然后使用平口钳夹紧。装夹前应使用百分表校正固定钳口。工序二的装夹图如图 5.11 所示。工序二加工后的半成品如图 5.12 所示。

加工中注意各个面的加工次序，按粗、精铣削分开加工，以保证尺寸精度和位置精度。工序二的铣削加工工艺如表 5.2 所示。

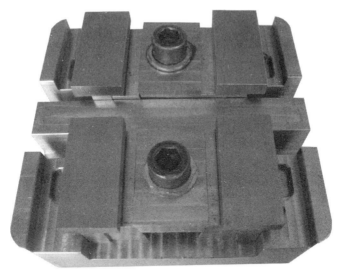

图 5.11　工序二装夹图

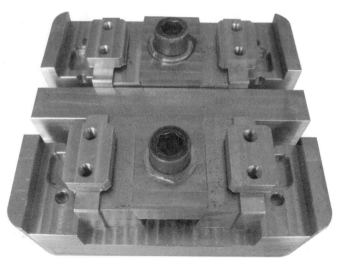

图 5.12　工序二加工后的半成品

表 5.2　工序二的铣削加工工艺

工序	工步	工序内容	刀具	程序
二	01	检测工序一加工后的半成品。 在夹具四的 4 个侧边夹紧工序一加工后的半成品		
	02	铣削平面，加工生产件底面	ϕ16 立铣刀	OJ421
	03	铣削外形，加工 30×20 矩形和 C2 倒角	ϕ16 立铣刀	OJ422
	04	钻孔，加工 ϕ5.1 的孔	ϕ5.1 钻头	OJ423
	05	攻螺纹，加工 M6 的螺纹	M6 丝锥	OJ424
	06	锐角倒钝，去除毛刺		

3. 第三次工序

（1）工艺分析

使用夹具四进行第三次工序加工，一次加工 4 个生产件。将生产件 4 个半成品分别固定在对称的 4 个侧边，X 方向间隔距离为 58mm，Y 方向间隔距离为 20mm，使用平口钳夹紧生产件，如图 5.8 所示。第三次工序主要加工中间 15×15 的凹槽、C2 的倒角和 ϕ5.5 的孔。

（2）程序编写

OJ431，铣削凹槽，加工 4 个 15×15 的凹槽。

OJ432，铣削外形，加工 8 个 C2 的倒角。

OJ433，钻孔，加工 8 个 ϕ5.5 的孔。

（3）加工实施

先在夹具四的 4 个对称侧边上装夹工序二加工后的半成品，然后使用平口钳夹紧。装夹前应使用百分表校正固定钳口。工序三的装夹图如图 5.13 所示。工序三加工后的成品如图 5.14 所示。

图 5.13　工序三装夹图

图 5.14　工序三加工后的成品

　　加工中注意各个面的加工次序，按粗、精铣削分开加工，以保证尺寸精度和位置精度。工序三的铣削加工工艺如表 5.3 所示。

表 5.3　工序三的铣削加工工艺

工序	工步	工序内容	刀具	程序
三	01	检测工序二加工后的半成品。 在夹具四的 4 个侧边夹紧工序二加工后的半成品		
	02	铣削凹槽，加工 4 个 15×15 的凹槽	$\phi 6$ 立铣刀	OJ431
	03	铣削外形，加工 8 个 C2 的倒角	$\phi 6$ 立铣刀	OJ432
	04	钻孔，加工 8 个 $\phi 5.5$ 的孔	$\phi 5.5$ 钻头	OJ433
	05	锐角倒钝，去除毛刺		

三、小结

夹具四与夹具三相类似，也为一出四的结构设计。同夹具一和夹具二相比较，夹具四设计方案简洁，夹具主体结构简单，易于装夹，便于加工。同夹具三相比，夹具四结构上略复杂，增加了弹簧、压板和楔形挡块，但同时增加了夹紧力，可以减少加工中的震动，避免了工件由于震动而脱落的现象。在夹具四上通过不同的装夹方式就可以分别完成工序一、工序二和工序三的加工。3 个工序均为一次性加工 4 件产品，生产效率高。

夹具四与夹具三相比较，最特殊的地方体现在其配件上。夹具四具有 2 种挡块，一种是大的楔形挡块（4 个），如图 5.15 所示，其主要应用于工序一的装夹中；另外一种是小的楔形挡块（4 个），如图 5.16 所示，其主要应用于工序二和工序三的装夹中。配件还有 2 个楔形压板，如图 5.17 所示，压板配合弹簧使用，用来压紧 4 个生产件。

改进 1：夹具四使用弹簧、压板的方式松开和紧固生产件

夹具四最早的设计方案与现在有所不同，主要是没有采用弹簧，当生产件拆除后，压板就直接掉落在底面平台，当再次装夹

生产件时，就需要手动将压板拉起，再将生产件放入，左右手配
合操作起来非常不方便。后来改进的方案在压板和底面平台之间
使用了弹簧，当松开螺栓时，弹簧就将压板弹起，操作人员可以
迅速地完成生产件的拆除和安装。改进后的方案采用弹簧压板进
行装夹，装夹示意图如图 5.18 所示。

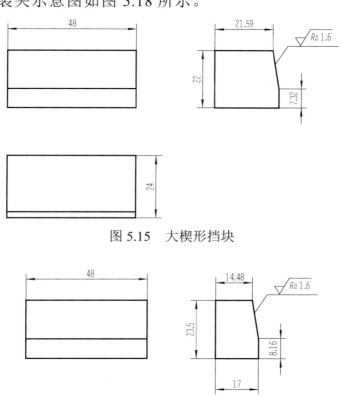

图 5.15　大楔形挡块

图 5.16　小楔形挡块

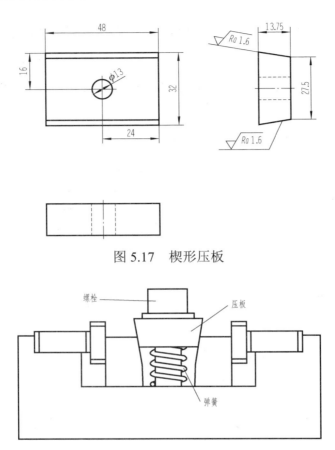

图 5.17　楔形压板

图 5.18　弹簧压板方式装夹工件

改进2：夹具四使用楔形挡块，使得一个压板可以压紧2个生产件

夹具四的结构为对称结构，可以一次安装 4 个生产件。如果每个生产件都需要定位和螺栓紧固，每装夹一次就需要重复 4 次同样的动作。经过反复试验，对夹具四的夹紧结构进行了优化，使用 1 个螺栓、1 个压板、1 个弹簧和 2 个楔形挡块就可以实现一次动作完成 2 个生产件的装夹，简化了装夹过程，使得加工起来更为灵活便捷。如图 5.19 所示，旋紧和松开螺栓，依靠楔形压板的斜度和楔形挡块的斜度的相对移动，将垂直方向的移动转变为水

平方向的移动，可以同时实现 2 个生产件的装夹和拆除。

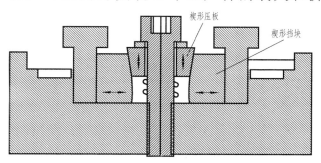

图 5.19　一次装夹 2 个生产件

参 考 文 献

孙光华，2014．工装设计[M]．北京：机械工业出版社．

吴拓，孙英达，2009．机床夹具设计[M]．北京：机械工业出版社．

袁广，2009．机械制造工艺与夹具[M]．北京：人民邮电出版社．

张权民，2013．机床夹具设计[M]．北京：科学出版社．